Études sur les Traditions tératologiques.

LES MONSTRES

DANS

LA LÉGENDE ET DANS LA NATURE

PAR

HENRI CORDIER

PARIS

3, PLACE VINTIMILLE

—

1890

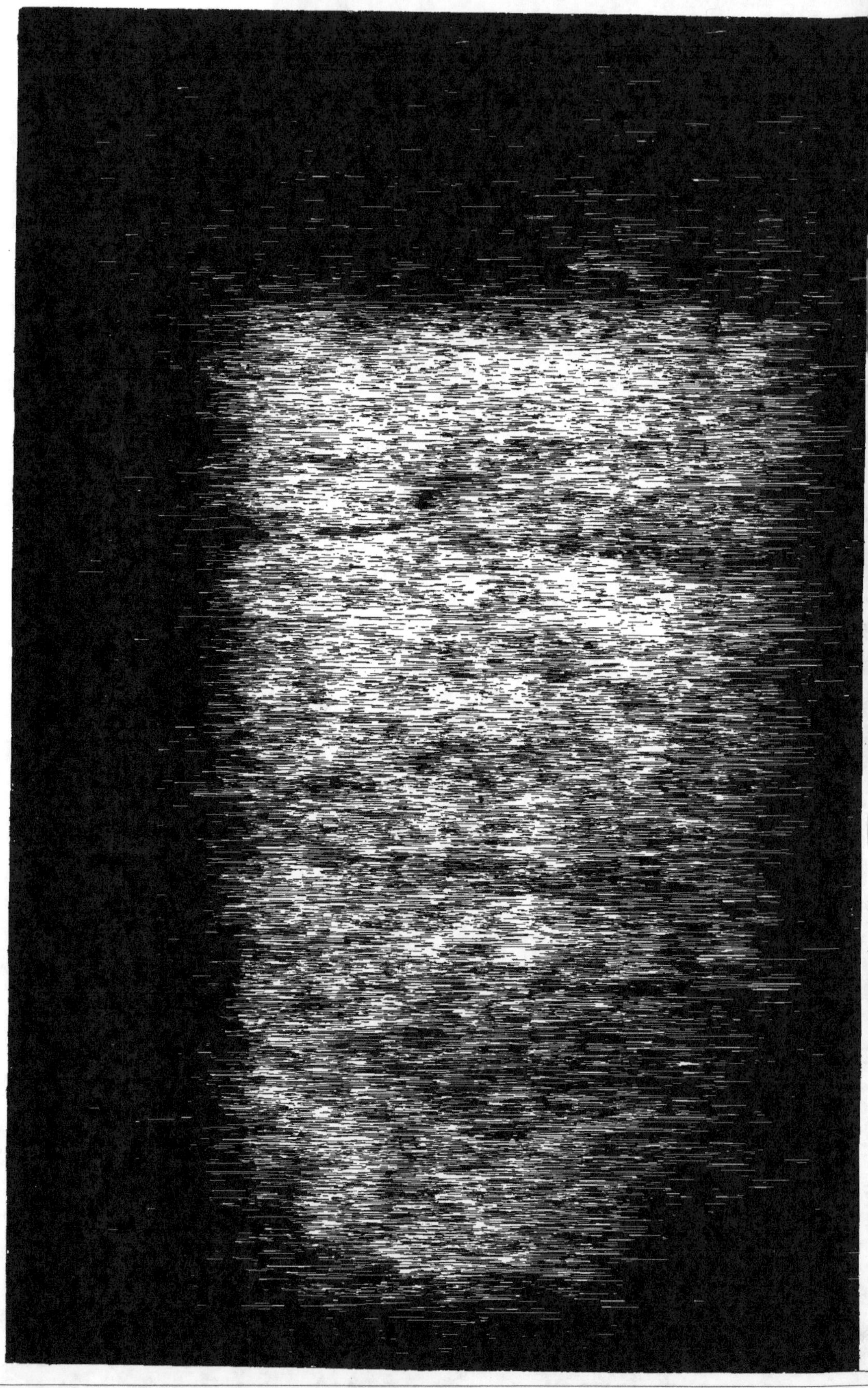

LES MONSTRES

DANS

LA LÉGENDE ET DANS LA NATURE

PAR

HENRI CORDIER

PARIS

3, PLACE VINTIMILLE

1890

AVERTISSEMENT

J'avoue que j'étais fort éloigné d'entreprendre des études dont les monstres étaient l'objet, lorsque la publication du « Voyage du frère Odoric de Pordenone à travers l'Asie au XIVᵉ siècle » m'obligea à étudier un nombre considérable de problèmes si intéressants que je n'hésite pas à vous présenter le résultat de mes recherches. Je me trouvais en présence de phénomènes si extraordinaires, qu'ils pouvaient à bon droit passer pour miraculeux ; ne pouvait-on pas, avec l'aide de la science moderne, leur attribuer une cause naturelle ? Je tâche en effet, avant de chercher des combinaisons savantes, de retrouver, s'il est possible, des origines simples, partant populaires ou naturelles, plutôt qu'héroïques ou surnaturelles, convaincu que le mythe est le résultat et non la source de faits explicables. Je crois avoir réussi, dans l'espèce, au-delà de toutes mes espérances.

Ce n'est ni dans les bestiaires, les herbiers, les lapidaires, si fort à la mode chez nos ancêtres, qu'il faut chercher l'explication des phénomènes qui nous occupent, car ce genre d'ouvrages ne contiennent qu'un exposé des vertus des animaux, des plantes ou des minéraux, ni même dans les ouvrages de tératologie pure, comme ceux d'Isidore Geoffroy Saint-Hilaire[1] ou du docteur Martin, qui sont du domaine de la

---

[1] *Histoire générale et particulière des anomalies chez l'homme et les animaux*, ouvrage comprenant des recherches sur les caractères, la classification, l'influence physiologique et pathologique, les rapports généraux, les lois et les causes des monstruosités, des variétés et des vices de conformation, ou *Traité de Tératologie*, par M. Isidore Geoffroy Saint-Hilaire... Paris. J.-B. Baillière, 1832-1837, 3 vol. in-8 et atlas.

médecine et de l'anthropologie plutôt que du nôtre, mais bien dans les ouvrages des auteurs anciens, dans les récits des voyageurs, et dans quelques-unes des compilations si curieuses qui ont été faites au XVI° siècle. Ces recueils étaient particulièrement riches en descriptions de monstres et ils renfermaient souvent les mêmes gravures sur bois que se repassaient les imprimeurs. Je me suis en général servi des figures de Lycosthènes parce que son volume est, peut-être, le plus complet en ce genre, mais on retrouvera quelques-unes de ses images aussi bien dans la *Cosmographie* d'André Thévet, que dans celle de Sébastien Munster, et dans les *Œuvres* d'Ambroise Paré.

Ces études spéciales paraissent avoir été très négligées depuis bien des années, mais il convient cependant de citer les *Traditions tératologiques*[1] de Jules Berger de Xivrey, le *Folk-Lore in China*[2] de Dennys et les *Mythical Monsters*[3] par Charles Gould.

Dans ce travail, j'ai d'abord recueilli chronologiquement tous les documents relatifs aux phénomènes étudiés, puis j'ai tâché d'en donner l'explication. J'ai dégagé de la masse énorme de sujets les trois groupes les plus importants : 1° les hommes à tête de chien, les *Cynocéphales* ; 2° les monstres à tête humaine ; 3° les nains ou pygmées ; puis j'ai réuni dans un quatrième groupe les monstres divers. J'invite toutes les personnes que peut intéresser ce genre d'études à m'adresser leurs observations que j'insérerai quand l'ouvrage paraîtra sous forme de volume.

[1] *Traditions tératologiques ou récits de l'antiquité et du mbyen-âge en Occident sur quelques points de la fable du merveilleux et de l'histoire naturelle,* publiés d'après plusieurs manuscrits inédits grecs, latins, et en vieux français par Jules Berger de Xivrey. Paris, impr. royale, MDCCCXXXVI, in-8. — Ce vol. contient, pp. 102 et suiv., un travail fort intéressant sur les Pygmées, d'après le comte Leopardi.

[2] *The Folk-lore of China, and its affinities with that of the Aryan and Semitic Races,* by N. B. Dennys... London, [and] Hongkong, 1876, in-8°.

[3] *Mythical Monsters,* by Charles Gould... London, Allen, 1886, gr. in-8°.

LES MONSTRES

DANS LA LÉGENDE ET DANS LA NATURE

NOUVELLES ÉTUDES SUR LES TRADITIONS TÉRATOLOGIQUES

I

LES CYNOCÉPHALES

Ès l'antiquité, nous trouvons les Cynocéphales dans le pays où est née leur légende, l'Inde. Nous lisons dans Ctésias[1] :

« Ces Cynocéphales habitent les montagnes ; ils vivent de leur chasse et n'exercent aucun métier. Lorsqu'ils ont tué quelque animal, ils le font cuire au soleil. Ils élèvent aussi des troupeaux de brebis, de chèvres et d'ânesses, dont ils boivent le lait. Ils font aussi du lait acide ou petit-lait. Ils se nourrissent du fruit du Siptachoras, d'où provient l'ambre. Ce fruit est doux. Lorsqu'ils l'ont fait sécher, ils le conservent dans des corbeilles, de même que les Grecs conservent les raisins séchés au soleil. Les Cynocéphales font un radeau sur lequel ils mettent une charge de ce fruit ; ils y joignent de

---

[1] *Histoire de l'Inde*, par Ctésias (*Histoire d'Hérodote*, trad. Larcher, VI, 1802, pp. 342-344).

là fleur de pourpre bien nettoyée avec deux cent soixante talens d'ambre qu'ils exportent tous les ans. Ils font aussi tous les ans présent au Roi d'une égale quantité de teinture rouge et de mille talens d'ambre. Ils vendent le reste aux Indiens, et tirent en échange du pain, de la farine et des étoffes de coton. Ils achètent aussi des Indiens des épées, dont ils se servent pour la chasse des bêtes sauvages, ainsi que des arcs et des javelots ; car ils sont très habiles à tirer de l'arc et à lancer le javelot. Ils sont invincibles, parce qu'ils habitent des montagnes élevées et escarpées. Le Roi leur envoye tous les cinq ans en présent trois cent mille arcs, autant de javelots, cent vingt mille peltes, et cinquante mille épées.

« Les Cynocéphales n'habitent pas dans des maisons, mais dans des cavernes. Ils vont à la chasse des animaux sauvages, armés d'arcs

et de javelots, et comme ils sont très agiles, ils les prennent aussi à la course. Les femmes se baignent une fois tous les mois, après les maladies de leur sexe, et jamais en aucun autre temps. Les hommes ne se baignent point ; ils se contentent de se laver les mains. Ils se frottent trois fois par mois d'une huile qui provient du lait. Ils s'essuient ensuite avec des peaux. Leurs habits ne sont pas de peaux garnies de poil, mais de peaux tannées et très minces. L'habillement des femmes est le même. Les plus riches portent des habits de lin ; ils sont en petit nombre. Ils ne font point usage de -lits ; des feuilles d'arbres leur en tiennent lieu. Celui qui possède un plus grand nombre de brebis passe pour le plus riche. Quant au reste de leurs biens, ils en sont tous également partagés. Ils ont tous, hommes et femmes, une queue au-dessus des fesses, comme les chiens ; mais elle est plus longue et plus velue. Ils voyent leurs femmes à la manière des chiens ; les voir autrement, ce serait chez eux une infamie. Ils sont justes, et ce sont de tous les hommes ceux qui vivent le plus longtemps. Ils poussent leur carrière jusqu'à cent soixante-dix ans, et quelques-uns jusqu'à deux cents. »

Déjà dans l'antiquité, l'homme-chien fournissait des sujets à la caricature ; en voici un excellent que nous donne M. Wright : Enée avec son père et son fils :

« L'esprit de parodie des Grecs, s'attaquant même aux sujets les plus sacrés, quoique tombé en décadence dans la Grèce, se releva à Rome,

et nous en trouvons des traces sur les murs de Pompeï et d'Herculanum. Nous y voyons la même facilité à tourner en ridicule les légendes les plus sacrées et les plus populaires de la mythologie romaine. L'exemple que j'en donne, d'après une peinture murale, offre un intérêt tout particulier, tant par les détails du dessin lui-même que par ce fait que c'est la parodie d'une des légendes nationales chères au peuple romain, qui s'enorgueillissait de descendre d'Enée. Virgile a raconté d'une manière touchante comment son héros échappa à la destruction de Troie, ou plutôt il a mis le récit de cet épisode dans la bouche de son héros. Lorsque la ville condamnée par les destins était déjà en flammes, Enée chargea son père Anchise sur ses épaules, prit

par la main son jeune fils Iules, ou, comme on l'appelait encore,
Ascagne, et, suivi de sa femme, il quitta ses foyers :

« Ergo age, care pater, cervici imponere nostræ ;
Ipse subibo humeris, nec me labor iste gravabit.
Quo res cumque cadent, unum et commune periclum,
Una salus ambobus erit : mihi parvus Iulus
Sit comes, et longe servet vestigia conjux. »

(Virg., *Æn.*, liv. II, l. 707.)

« Ainsi, ils se sauvèrent, l'enfant tenant son père par la main droite,
et se traînant après lui à pas inégaux :

« Dextræ se parvus Iulus
« Implicuit, sequiturque patrem non passibus æquis.

(Virg., *Æn.*, liv. II, l. 723.)

« Et de cette façon Enée emporta son père et son fils, ainsi que ses
pénates ou les dieux domestiques de sa famille, qui devaient être
transportés dans un autre pays et devenir un jour les protecteurs de
Rome.

« Ascanium, Anchisenque patrem, Teucrosque Penates.

(*Ibid.*, l. 747.)

« Ici, il est évident que l'artiste a voulu parodier un tableau qui
paraît avoir été célèbre à cette époque, et dont au moins deux copies
différentes se trouvent sur des intailles antiques. C'est le seul cas, à
ma connaissance, où l'original et la parodie aient été conservés depuis
une époque aussi reculée ; cette circonstance m'a paru si curieuse, que
j'ai tenu à donner, à côté de la parodie, une copie d'une des intailles
en question. Elle représente littéralement le récit de Virgile, et la
seule différence entre la composition sérieuse et la caricature c'est que,
dans celle-ci, les personnages sont représentés sous la forme de singes.
Enée, personnifié dans le fort et vigoureux animal, portant le vieux
singe, Anchise, sur son épaule gauche, s'avance à grands pas, tout en
se retournant pour regarder la ville en feu. De la main droite, il traîne
le petit Iules ou Ascagne, qui évidemment marche *non passibus æquis*,
et suit difficilement le pas de son père. L'enfant porte un bonnet
phrygien et tient à la main droite le joujou qu'on appellerait de nos
jours une *crosse*, — le *pedum*. Anchise s'est chargé du coffre qui renferme les pénates sacrés. Un détail curieux, c'est que les singes de ce
dessin sont les mêmes animaux à tête de chien ou cynocéphales que
l'on voit sur les monuments égyptiens[1]. »

[1] *Histoire de la caricature et du grotesque dans la littérature et dans l'art*,
par Thomas Wright... traduite avec l'approbation de l'auteur par Octave Sachot ..
Paris, *Revue Britannique*, 1867, gr. in-8. Voir pp. 19-21.

Les voyageurs du moyen-âge[1] parlent de ces cynocéphales : Jean du Plan de Carpin, des Frères mineurs, nonce en Tartarie pendant les années 1245-1246, nous raconte[1], « que les *Tartares* se retiroient par les déserts, ils vinrent, à ce qu'on dit, en un certain païs, ou ils trouvèrent des Monstres aiant la ressemblance de femme ; et comme ils leur demandèrent par divers interprètes, où étoient les hommes de cette terre là, elles répondoient que toutes les femmes qui naissoient en ce pays-là avoient forme humaine, mais les hommes figures de chien. Les *Tartares* donc s'étans arrétez quelques tems en ce païs, tous les chiens s'assemblèrent en un lieu, et durant l'hiver, qui étoit alors fort aspre, ils se jettèrent tous en l'eau, puis se changeoient en poudre, et cette poudre

Livre des Merveilles, Marco Polo, f° 66, verso.

mêlée avec l'eau devenoit glace, dont ils étoient tous couverts : de sorte qu'ils vinrent ainsi avec grande impétuosité se jetter sur les *Tartares*, qui se défendoient, et les tiroient à coups de flèches, qui frappant comme sur des pierres, retournoient en arrière ; et ainsi ces chiens en blessèrent les uns à coups de dent, tuèrent les autres, et chassèrent le reste hors de leurs terres[2]. »

[1] Marco Polo plaçait les cynocéphales aux îles Andaman : « Or sachiés tout voiremant que tuit les homes de ceste ysle ont chief come chien et dens et iaus come chiens ; car je voz di qu'il sunt tuit senblable à chief de grant chienz mastiu. » *Ed. Soc. géog.*, p. 197.)

Jourdain de Séverac en parle également :

« Multæ aliæ sunt insulæ diversæ, in quibus sunt homines caput canis habentes, sed eorum dominæ dicuntur esse pulchræ. Mirari non desino de tanta diversitate insularum. » (Coquebert-Montbret, p. 57.)

[2] *Recueil* de Bergeron La Haye, 1735, col. 42-43.

LES MONSTRES

Le franciscain Odoric de Pordenone[1] qui voyageait en Asie au XIVe siècle, plaçait ces monstres dans l'île *Vacumeran* ou *Nycheneran* (Nicobar !)

« Si trouvasmes pluseurs isles dont l'une est nommée Vacumeran. Ceste isle a bien deux mille milles de tour. Les gens y ont visaige de chien, tous hommes et femmes. Ils aourent un beuf pour leur dieu ; et pour ce chascun d'eulx porte sur son chief devant son fronc un beuf d'or ou d'argent en signe que ce beuf est leur dieu. Trestous y vont nuds hommes et femmes et ne portent fors une touaille dont ilz cuevrent leur vergongne. Ilz sont tous noirs et sont très cruelle gent en bataille. Et si ne portent nulles armeures en bataille fors un grant escu qui les cuevrent du chief jusques aux piés. Quant ilz prennent en bataille

Livre des Merveilles, Odoric, f° 106, recto.

aucun qui ne se veulent racheter ou qui n'en ont le povoir, ilz le menguent tantost. Li roys de ce pays porte à son col une rengé de grosses perles ainsi que sont cy unes patenostres d'ambre et par ces perles il compte ses oroisons, car il fait chascuns jours à ses dieux plus de trois cens oroisons. Ce roy porte en lieu de sceptre un grant ruby qui a une espaume de long et semble estre une flambe. C'est le plus noble et le plus précieux qui soit en tout le monde. Le Kaan de Cathay a trouvé seurté oye à ce royaume[2]. »

Les relations de Sir John de Maundeville composés d'éléments divers, d'Odoric en particulier pour l'Extrême-Orient, ne manquent as de reproduire la même histoire que notre franciscain ; donc rien de

[1] † À Udine, le 14 janvier 1331.
[2] Notre édition sous presse.

nouveau, sinon les illustrations fantaisistes de quelques anciennes éditions dont nous reproduisons trois spécimens d'après un exemplaire que nous possédons.

Extrait de *Mandeville*, dessin de Henri Cordier.

Extrait de *Mandeville*, dessin de Henri Cordier.

Les traités de l'époque sur les monstres ne manquent pas de les signaler : « Cynocephali quoque in India nasci perhibentur : quorum sunt canina capita ; et omne verbum quod loquuntur intermixtis corrumpunt latratibus. Et non homines, crudam carnem manducando, sed ipsas imitantur bestias[1]. »

Les cartographes se sont naturellement emparés de ces légendes et ils placent les cynocéphales un peu partout :

La mappemonde de Martin Behaim (fin du XV⁰ siècle), marque entre Ceylan et Pentam un groupe d'îles (pas *Neucuram*) avec cette légende « Das Volk dieses Konigr. und Vad Land betet einen Ochsen an. »

Extrait de *Mandeville*.

Les cynocéphales, cf. Santarem, II, p. 473, sont indiqués à l'extrémité méridionale de l'Afrique, dans la mappemonde de la Cottonienne (X⁰ siècle), et placés dans la Scandinavie sur la mappemonde d'Hereford.

[1] *De Monstris et belluis*, d'après le manuscrit latin du X⁰ siècle, appartenant à M. le Marquis de Rosanbo. (Dans Berger de Xivrey, p. 67.)

*
**

Cette légende des hommes-chiens se retrouve d'ailleurs dans tous les pays du monde :

1° En Amérique :

« Les Dennés vivaient sous la domination de maîtres cruels qui les tenaient dans un dur esclavage. Ces hommes forts et puissants inspiraient tant d'effroi, qu'au dire des narrateurs, leurs aïeux « n'osaient rire qu'en se couvrant la bouche d'une vessie d'élan. »

Au nombre de ces tyrans, figuraient spécialement une race de magiciens jouissant du privilège de se transformer en chiens pendant la nuit, car, le jour, ils redevenaient hommes. Ils avaient pris pour épouses, nous disent les Loucheux et Peaux-de-lièvre, des femmes Dennés, qui, elles, ne participaient en rien de la nature du chien. Les magiciens se rasaient la tête et portaient de faux cheveux, d'où le nom de *Kfwé-dételé*, sous lequel ils sont parfois désignés. On les appelle aussi « pieds de chien, » ou « fils de chien. » Adonnés à tous les vices, et surtout à l'anthropophagie, ils ne se couvraient le corps d'aucun vêtement, sauf une peau d'élan, munie de petits cailloux coagulés (cuirasse) qui leur protégeait la poitrine, et portaient des casques. » (Les *Hommes-Chiens*, par H. de Charencey, pp. 2-3[1].)

2° En Asie, qui paraît être leur séjour préféré, le chien est l'ancêtre des Aïnos :

« Aussitôt que le monde fut sorti des eaux, une femme vint habiter la plus belle des îles qu'occupe aujourd'hui la race Aïno. Elle était arrivée sur un navire poussé par un vent propice d'occident en orient. Amplement munie d'engins de pêche et de chasse, elle vécut plusieurs années, heureuse dans un magnifique jardin qui existe encore, mais dont nul mortel ne connaît l'emplacement. Un jour, au retour de la chasse, elle alla se baigner dans le fleuve qui séparait son domaine du reste de l'univers. Ayant aperçu un chien qui nageait vers elle avec rapidité, elle sortit de l'eau pleine d'effroi. Toutefois, le chien la rassura lui demandant la permission de rester près d'elle, pour lui servir de protecteur et d'ami. Elle se laissa persuader, et de leur union naquit le peuple Aïno. » (*H. de Charencey, l. c.*, p. 5.)

Le chien encore est l'origine des Javanais :

« De même, d'après la tradition javanaise, le prince Bandong Prakousa errait dans une forêt, sous forme de chien, lorsqu'il rencontra la fille du célèbre *Baka*, le ministre du roi *Randu-Baléang*. Il eut d'elle un fils qui après l'avoir tué, épousa, comme Œdipe, sa propre mère. De

[1] Les *Hommes-Chiens*, par H. de Charencey. Paris, 1882, br. in-8, pp. 28. Tirage à part de l'*Athénée oriental*, année 1882, n° 4, p. 209.

cette union incestueuse descendent les *Kalangs*, les peuples de *Kendal*, *Kali-Wongou* et *Démak*. Ce sont les Javanais indigènes. » (H. de Charencey, *l. c.*, p. 7.)

Nous revoyons encore la légende dans l'Asie centrale :

« Les Khirgizes aujourd'hui fixés dans les montagnes d'*Issik-koul* et le territoire du Khanat du Khokhand, font dériver leur nom national des deux termes indigènes *kirk* « quarante » et *khiz* « fille. »

Voici l'explication qu'ils donnent de cette bizarre dénomination. Un khan du temps passé, avait, nous disent-ils, une fille à laquelle il donna quarante compagnes. Un jour que ces demoiselles revenaient d'une excursion, elles trouvèrent leurs aouls détruits et tous les habitants du village en fuite. Ne sachant que devenir, elles se mirent à errer dans

Old Deccan Days.

les environs, et firent la rencontre d'un chien rouge qu'elles acceptèrent pour compagnon, et ensuite pour mari. Au bout d'un an, la troupe vagabonde avait doublé en nombre. Telle fut l'origine de la nation Khirghize. Du reste, le nom de *Bourout*, litt. « loups », de *Bour* « loup, » sous lequel les Mongols désignent ce peuple semble bien contenir une allusion à cette légende, car, au premier aspect, le loup et le chien (surtout celui des Asiatiques orientaux et des Américains) se ressemblent beaucoup. Quant aux Mongols, ils se regardent comme fils de *Bourté-Tchiné*, litt. « le loup gris, » et, au dire des annalistes chinois, les *Toukiéou* ou Turks du lac *Sihot* prétendaient avoir une louve pour mère. » (H. de Charencey, *l. c.*, pp. 8-9.)

La Chine même a sa légende : « The Chinese legend of the Lin-lu mountain recounts the existence of a mysterious arbour inhabited by a demon and numerous companions who are in reality dogs transformed for the nonce into the semblance of earthly beings. As with the Korrigan, whoever passed the night with them was sure to die. A Sage, possessed of a magic mirror, once put up with these elves, but being warned by the mirror of the quality of his companions, stabbed the nearest, when the rest ranaway » (Dennys, *Folk-lore in China*, pp. 132-133).

M. le Prof. Terrien de Lacouperie a l'extrême obligeance de me communiquer la note suivante fort intéressante sur le même sujet :

« D'après le *Kih Tcoung Tcheou Chou*, ouvrage historique sur la dynastie des Tcheou, dont la composition est vraisemblablement antérieure à notre ère, on trouvait *à l'Ouest du Kuenlun le royaume des Keou* (ou *chiens*.)

« Toutefois, c'est dans les « Annales des Cinq dynasties » qui existèrent en Chine au Xe siècle 907-960) entre les grandes dynasties des Tang et des Soung que nous trouvons une description complète des habitants de ce fabuleux pays, comme suit :

« Les habitants du pays de Keou ont le corps d'un homme, la tête d'un chien, les cheveux longs, pas de vêtements, leur langage est comme le hurlement du chien ; leurs femmes sont toutes des hommes ; elles donnent le jour à des garçons qui deviennent chiens, et elles mettent au monde des filles qui deviennent hommes et qui plus tard entre eux se marient. Dans les cavernes ils habitent et ils mangent tout cru[1]. »

Il y a encore en Chine dans la province du Fo-Kien une tribu qui vit dans la montagne et dont le nom Barbares à tête de chien (*Dogheaded Barbarians*) rappelle sans doute quelque particularité physique. Voir « A Visit to the « Dogheaded Barbarians » or Hill People, near Foochow. By Rev. F. Ohlinger » (*Chinese Recorder*, July 1886, pp. 265-268).

3° en Europe :

Nous rencontrons tout d'abord les Prussiens cités par Ibn Sa'ïd. Cf. Yule, *Marco Polo*, II, p. 294 et les Esclavons. Nous trouvons la curieuse notice suivante concernant ces derniers dans un manuscrit persan inédit de la riche collection de M. Ch. Schefer, le *Firasset Nameh* (Livre de physiognomie, par Jénari) :

« Les gens des pays du nord, tels que les Esclavons, sont doués d'une

[1] Cf. A. Wylie, *Chinese Literature*, p. 23. — Voy. aussi sur cet ouvrage, D. J. H. Plath. *Ueber die Sammlung chinesischer Werke... aus der Zeit der D. Han und Wei*, p. 6 (Münch, 1868, in-8). Probablement par confusion le titre est transcrit *Ki mung Tscheu schu*.

Cf. *K'ang-hi tse-tien*, cl. 94 5 tr. 1. 28.

Le titre de *Kih tchoung Tcheou Chou*. « Livre de Tcheou du tombeau » fut donné depuis les Souy et les Tang aux *Yh héou chou*. » Livres oubliés des Tcheou « d'accord avec une tradition en apparence sans fondement d'après laquelle ils auraient été l'un des 15 ou 20 ouvrages écritssur tablettes de bambou qui furent retrouvées en 279 de n. è., dans le tombeau du roi Siang de Wei mort en 295 avant notre ère. Sur cette découverte cf. Legge, *Chinese Classics*. vol. III, p. 106.

large poitrine, sont braves, ont des petits pieds et vivent longtemps;
ils ont des mœurs dépravées et un mauvais caractère et sont comme
des bêtes fauves. Cette race esclavonne renferme des tribus dont les
individus ont la figure du chien ; les historiens expliquent cette particularité de la manière suivante :

Japhet étant encore à servir Noé, son père, qui fut appelé le second
Adam, sa femme mourut dans les douleurs de l'enfantement, et comme
il n'y avait pas de nourrice, on fut obligé de faire allaiter le nouveau-
né par une chienne ; à mesure que l'enfant grandissait, il mordait
et déchirait avec ses dents et ses ongles, de sorte qu'il ne pouvait pas
vivre ensemble avec ses autres frères ; il se sépara donc d'eux et alla
habiter à l'ouest, entre le sixième et septième climat. Voilà l'origine
de leur génération. Par suite de son âpreté excessive, le fils ne respecte
jamais le père, et le père par suite de sa très grande fierté n'affec-
tionne aucunement le fils. Les unions parmi eux se font à force de lutte
et de combat ; les plus forts s'adjugent la jouissance ; il existe au
milieu d'eux plusieurs sectes différentes, la plupart vivent dans l'oisi-
veté et ont pour demeure les creux des montagnes, comme les bêtes
fauves.

« Dans le livre des expéditions d'Alexandre, il est écrit qu'étant arrivé
dans le pays des Esclavons, il ordonna de combattre les gens de ce
pays. Un Esclavon se présenta et engagea le combat avec les troupes
d'Alexandre, et il tua un nombre incroyable de soldats d'Alexandre ;
ni les coups d'épée, ni la piqure de lance n'avaient une action sérieuse sur
cet homme. L'armée commença à s'inquiéter et Alexandre fut plongé
dans l'étonnement. Le conquérant recourut aux sages et aux astro-
logues ; ceux-ci après avoir consulté et examiné les calendriers et le
livre où sont consignés le mouvement et la marche des astres, annon-
cèrent à Alexandre que fatalement cet homme ne pouvait être vaincu
que par Alexandre lui-même. Malgré l'opposition des généraux et des
notables de l'armée à laisser exposer leur chef en lutte corps à corps
avec ce sauvage, Alexandre fit ce combat singulier et fut vainqueur.
Alexandre demanda aux Esclavons de quelle race et de quelle nature
était cet homme qui s'était présenté tout seul comme avant-garde ; ils
répondirent qu'il existe dans quelques montagnes inaccessibles une
famille de l'espèce humaine, qui par instinct naturel se jette sur tout
ce qu'elle rencontre, et combat avec tous ceux qu'elle voit : « que celui
qu'elle rencontre soit un lion ou un crocodile. » Voici comment on par-
vient à les dompter et à s'emparer d'eux. Comme il n'est pas possible
de lutter avec eux de haute main, on ne peut les maîtriser que lorsqu'ils
entrent dans leur sommeil; pour dormir ils grimpent et vont jucher dans
les hauteurs des arbres et leur sommeil se prolonge pendant une se-
maine entière ; alors les hommes qui les pourchassent, montent aux
arbres et les attachent par le cou et les bras dans les branches. Après un
certain temps passé dans cette position, la faiblesse s'empare d'eux, ils
deviennent plus dociles et on les prend. Une fois pris, on les apprivoise
avec les mêmes procédés qu'on emploie à l'égard des bêtes dangereuses ;

ils sont employés dans les combats comme avant-garde et on les
appelle Ummet-ul-burous. »

« Il existe une autre tribu, dont chaque individu s'attaque isolément
à une grosse troupe et se fait tuer par forfanterie. Ils ont la figure sail-
lante, et le museau allongé comme le chien. Voici leur portrait qui
peint bien leur allure brave.

A.Housselin d.

D'après un manuscrit de la collection de M. Ch. Schefer.

A propos des Prussiens, Reinaud (*Aboulféda*) (II, I, p. 314, et seq. note)
nous dit que dans le ms. d'Ibn S'aïd, se trouve ce passage qui ne peut
se rapporter qu'aux Prussiens, alors réduits à l'état sauvage : « Sur la
même côte est la ville des Borous (Alborous). Les Borous sont un peuple
misérable et encore plus sauvage que les Russes. Le pays des Russes
est au sud-est de celui des Borous. On lit dans quelques livres que les
Borous ont des *visages de chiens* ; c'est une manière de dire qu'ils sont
très braves. »

M. le docteur professeur Michel Dragomanov, de Sofia, a l'obligeance

de m'écrire que « les sources des idées de l'ancienne littérature et de
folk lore en Ukraïne ainsi que dans toutes les Russies, sur les cynocéphales, étaient : 1° le roman d'Alexandre le Grand ; 2° les légendes
sur Saint-Christophe ; 3° les images qui les représentent ; et 4° les
cosmographies, traduites du grec et du latin. (Voir : D. Rovinskiy,
Imagerie populaire russe, II, 267, III, 674, IV, 643-644. — Bouslayer,
Essais historiques sur la poésie populaire et l'art russe, II, 146-147).
Voici l'ordre des nations, représentées sur une image du *Jugement
dernier*, faite encore au XVIII° siècle : 1. Juifs ; 2. Lithuaniens ; 3.
Arabes bleus ; 4. Indiens ; 5. *Ismaélites, Cynocéphales* ; 6. Turcs ; 7. Sar-
razins ; 8. Allemands ; 9. Polonais ; 10. Russes. (Rovinskiy, *o. c.*, IV,
644). L'image de saint Christophe avec une tête de loup est également
reproduite par Rovinskiy ; elle est aussi du XVIII° siècle. »

On retrouve les hommes-chiens chez les Esquimaux : « Jadis les ancêtres d'Innuarudligak étaient établis à l'extrémité méridionale du pays
dans une localité appelée Kytsersorbik, aux environs habitaient des
hommes dont ils n'avaient pas encore appris à avoir peur. Sur ces en-
trefaites, la discorde se mit entre les voisins et de temps à autre on en
vint aux coups. Un homme ayant tué un nain de la montagne
(Bjergnissen), ces derniers prirent la fuite dans le désert et s'y creu-
sèrent des habitations souterraines. Désormais, ils craignirent les
hommes. Ils s'en vengèrent en massacrant l'un d'eux qui était venu
dans leurs parages. En ce temps-là, Innuarudligak n'était pas encore né,
ses ancêtres s'occupèrent de fabriquer des armes. Ils cherchèrent bien
de tous côtés et finirent par trouver un grand saule sur le penchant de
la montagne de Kytersorbik exposé au soleil. Le saule était gros comme
le dos d'un homme agenouillé qui se penche en avant en appuyant
les mains par terre. Une des racines de l'arbre fut employée à façonner
une arme. Sa longueur, dit-on, ne dépassait celle du poing de la crosse
d'un pistolet par exemple ; mais la tige en fut rendue pointue et garnie
d'une petite pierre noire surmontée elle-même d'un petit caillou
rouge. Telle était l'arme des *nains de la montagne* qu'ils appelaient
arme à viser *(Pegevaaben)* ; ils les portaient toujours à la main dans
la crainte de se blesser eux-mêmes, tant elles étaient redoutables.

» Alors qu'ils fuyaient les hommes, Innuarugdlikak vint au monde.
Son père s'appelait Malerke. Malerke avait quatre autres fils, l'aîné
se nommait Kinavina, le second Kok, le troisième Asarfe, le quatrième
ensuite venait Innuarugdlikuk. Comme leurs ancêtres émigraient
autrefois vers le nord, ils partirent dans la même direction ; des années et des années ils furent en route. Ils passent l'hiver dans des
trous creusés en terre, et au printemps se remettent en marche. Ils
rencontrèrent sur leur chemin des êtres absolument extraordinaires.
Ils avaient une face et une posture d'homme, et des pattes et une
queue comme les chiens. Ils étaient armés d'arcs. Ils s'appelaient Es-
kelit. Ils étaient redoutables et reniflaient au vent pour sentir comme
des animaux.

» Plus loin, dans leur pérégrinations pendant un hivernage, ils couvrirent l'intérieur de leurs habitations de peaux. Une seule peau d'un animal particulier suffisait à garnir l'abri. Cet animal est le grand Killifak monté sur six pattes. Lorsqu'on en avait mangé la chair, les os s'en recouvraient d'une nouvelle couche; après avoir pris cinq fois la chair, ils jetaient les os[1]. »

Ainsi donc on peut d'après tous ces témoignages tracer tout d'abord l'origine de cette légende à une idée de force et de courage: originaire de l'Inde, elle a été colportée par les poèmes du moyen-âge en Europe, et elle y a été répandue dans presque tous les pays. Et cependant, cette légende repose sur un fait vrai : des monstres anthropomorphes ont été confondus avec des créatures humaines, et il est probable que les singes cynocéphales ont principalement contribué à développer la croyance en des êtres extraordinaires qui n'avaient de l'homme que le corps. On connaît trop la question des singes cynocéphales pour que je m'y arrête aujourd'hui, mais la réalité nous offre toutefois des monstres qui méritent cette appellation d'hommes-chiens. Tels sont, par exemple, les membres de cette famille birmane, qui ont été vus tour à tour par Crawfurd et par Yule, dans leurs ambassades à la cour d'Ava. Voici le récit de Crawfurd[2] :

« His name was Shwe-Maong, and he stated himself to be thirty years of age. He was a native of the district of Maiyong-gyi, a country of Lao, situated on the Saluen, or Martaban river, and three months' journey from Ava. The Saubwa, or chief of the country, presented him to the King as a curiosity when a child of five years of age, and he had remained in Ava ever since. His height was five feet three inches and a half, which is about the ordinary stature of the Burmese. His form was slender, if compared with the usually robust make of the Hindoo-Chinese races, and his constitution as rather delicate. In his complexion there was nothing remarkable, although upon the whole he was perhaps rather fairer than the ordinary run of Burmese. The colour of his eyes was a dark brown, not so intense as that of the ordinary Burman. The same thing may be said of the hair of the head, which was also a little finer in texture, and less copious. The whole forehead, the cheeks, the eyelids, the nose, including a portion of the inside, the chin — in short, the whole face, with the exception of the red portion of the lips, were covered with a fine hair. On the forehead and

[1] Je dois cette communication et cette traduction du dessin à l'obligeance de M. Charles Rabot, l'explorateur bien connu, c'est un extrait de l'ouvrage : *Gronlansgke Folkesagn, opskrevne og meddeelte af Indfodte* met dansk Oversœttelse. Godthaab, L. Moller, 1863, in-8°. (V. *Kaladlit Okalluktualliait* Nougme, L. Moller, 1863.) Voir *Innuarudligak* (Bjergnissen), pp. 25 et suiv.) Le texte est accompagné d'une image.

[2] *Journal of an Embassy from the Governor general of India to the Court of Ava*. By John Crawfurd Esq ; late envoy... 2. ed. London, 1834, 2 vol. in-8, vol. I, pp. 318-323.

same description as that on the face, and about eight inches long : it was this chiefly which contributed to give his whole appearance at first sight an unnatural and almost inhuman aspect. He may be stricly said to have had neither eyelashes, eyebrows, nor beard, or at least they were supplanted by the same silky hair which enveloped the whole face. He stated, that when a child, the whole of this singular covering was much fairer than at present. The whole body, with the exception of the hands and feet, was covered with hair of the same texture and colour as that now described, but generally less abundant : it was most plentiful over the spine and shoulders, where it was *five inches* long : over the breast it was about *four inches* : it was most scanty on the fore arms, the legs, thighs, and abdomen. We thought it not improbable that this singular integument might be periodically or occasionally shed : and inquired, but there was no ground for this surmise ; — it was quite permanent. Although buyt hirtyyears of age, Shwe-maong had, in some respects, the appearance of a man of fifty-five or sixty : this was owing to a singularity connected with the formation of the teeth, and the consequent falling in of the cheeks. On inspecting the mouth, it was discovered that he had in the lower jaw but five teeth, namely, the four incisors and the left canine ; and in the upper but four, the two outer ones of which partook of the canine form. The molares, or grinders, were of course totally wanting. The gums, where they should have been, were a hard fleshy ridge, and, judging from appearances, there was no alveolar process. The few teeth he had were sound, but rather small ; and he had never lost any from disease. He stated, that he did not shed his infantine teeth till he was twenty years of age, when they were succeeded in the usual manner by the present set. He also expressly asserted, that he never had any molares : and that he experienced no inconvenience from the want of them.

« The features of this individual were regular and good for a Burmese. The intellectual faculties were by no means deficient, ; on the contrary, he was a person of very good sense, and his intelligence appeared to us to be rather above than below the ordinary Burmese standard.

« He gave the following account of the manner in which the hairy covering made its appearance. At his birth his ears alone were covered with hair, about two inches long and of a flaxen colour. At six years of age, hair began to grow on the body generally, and first on the forehead. He distinctly stated that he did not attain the age of puberty till he was twenty years old.

« Shwe-maong was married about eight years ago, or when twenty-two years of age ; the King, as he stated himself, having made him a présent of a wife. By this woman he has had four children, all girls ; the eldest died when three years of age, and the second when eleven months old. There was nothing remarkable in their form. The mother, rather a pretty Burman woman, came to us to-day along with her third and fourth child. The eldest, about five years of age, was a striking like-

cheeks this was about eight inches long; and on the nose and chin, about four inches. In colour, it was of a silvery grey; its texture was silky, lank, and straight. The posterior and interior surface of the ears, with the inside of the external ear, were completely covered with hair of the ness of her mother, and a pretty interesting child, without any mal-conformation whatever, or indeed any thing to distinguish her from an

ordinary healthy child. She began to teeth at the usual period, and had all her infantine teeth complete at two years of age. The youngest child was about two years and a half old, a very stout fine infant : she was born with hair within the anterior portion of the ear. At six months old it began to appear all over the ears, and at one year old on different parts of the body. This hair was of a light flaxen colour, and of a fine silky texture. When two years of age, and not until then, she got a couple of incisor teeth in each jaw, but had as yet neither canine nor molares. Shwe-maong assured us, that none of his parents or relations, and, as far as he knew, none of his countrymen, were marked like himself.

« Our draftsman made very faithful sketches of the father and youngest child, to wich I refer. After making the party presents, they took their leave of us, extremely grateful for our attention. Shwe maong, we found, had been occasionally employed by the Court as a buffoon, having been taught to imitate the antics of a monkey. For these feats, however, the poor fellow does not seem to have been very liberally rewarded ; for, to subsist himself and family, he was obliged to betake himself to the trade of a basket-maker, in which he was now employed. He would have turned his monstrosity to better account in London. »

Yule retrouve la fille du précédent une trentaine d'années plus tard :

« To-day we had a singular visitor at the residency. This was Maphoon the daughter of Shwé-maong, the « Homo hirsutus » described and depicted in Crawfurd's narrative, where a portrait of her, as a young child, also appears. Not expecting such a visitor, one started and exclaimed involuntarily as there entered what at first sight seemed an absolute realization in the flesh of the dog-headed Anubis. The whole of Maphoon's face was more or less covered with hair. On a part of the cheek, and between the nose and mouth, this was confined to a short down, but over all the rest of the face was a thick silky hair of brown colour, paling about the nose and chin, four or five inches long. At the alae of the nose, under the eye, and on the cheekbone, this was very fully developed, but it was in and on the ear that it was most extraordinary. Except the extreme upper tip, no part of the ear was visible. All the the rest was filled and veiled by a large mass of silky hair, growing apparently out of every part of the external organ, and hanging in a dependent lock to a length of eight or ten inches. The hair over her forehead was brushed so as to blend with the hair of the head, the latter being dressed (as usual with her countrywomen) *à la Chinoise*. »

La descendance de ces êtres bizarres s'est continuée, et on a pu voir en Europe les enfants de Maphoon dont vient de nous parler Yule.

Il y avait une idée de chance qui s'attachait aux hommes velus : Les individus présentant cette particularité et qui étaient à la cour du roi de Birmanie, comme autrefois les nains chez les souverains d'Europe, pouvaient aller sur le marché et prendre les fruits et les légumes qui étaient à leur convenance, les paysans birmans dont les denrées avaient été choisies étaient, paraît-il, extrêmement flattés et considéraient cela comme un honneur et un augure favorable. » (*La Nature*, 18 juin 1887.)

Nous devons à l'obligeance du Dr Hamy de pouvoir reproduire une photographie de ces êtres extraordinaires, qui appartient à la collection du Museum d'Histoire naturelle.

On consultera sur ces Birmans : D*r* Hamy : *Une famille velue en Bir-manie.* (*La Nature*, IV, pp. 12 1-3, 23 janvier 1875). — Magitot : *Les hommes velus.* (*Gaz. médicale de Paris*, 15 nov. 1873). — Bertillon : *Des deux individus exhibés sous le nom d'hommes-chiens.* (*La Nature*, I pp. 185-7, 22 nov 1873). — Enfin les innombrables descriptions sous forme de brochures d'exposition publiées de la femme Krao exhibée à Londres, à Berlin et à Paris (1883-1887). — *On a Hairy Family in Burmah*, by the Rev. W. Houghton. (*Trans. Ethn. Soc.* VII, 1869, pp. 53-9).

Voir également sur un paysan russe semblable : *L'Homme-Chien*, par le docteur E.-R. Perrin. (*Bul. Soc. Anthrop.*, 1873, pp. 741-750).